EXPOSÉ

DES TENTATIVES QUI ONT ÉTÉ FAITES

DANS LE DESSEIN DE RENDRE POTABLE ET SALUBRE

L'EAU DE MER DISTILLÉE.

PAR B. G. SAGE,

CHEVALIER DE L'ORDRE ROYAL DE SAINT-MICHEL,
DE L'ACADÉMIE ROYALE DES SCIENCES DE PARIS,
FONDATEUR ET DIRECTEUR
DE LA PREMIÈRE ÉCOLE DES MINES.

Quod mavult homo esse verum id facile credit.
BACON.

A PARIS,

DE L'IMPRIMERIE DE P. DIDOT, L'AÎNÉ,
CHEVALIER DE L'ORDRE ROYAL DE SAINT-MICHEL,
IMPRIMEUR DU ROI.

1817.

AVERTISSEMENT.

Sɪ j'insiste autant sur l'émanation gazeuse neptunienne, c'est qu'elle se re-
trouve toujours dans l'eau de mer, de
telle manière qu'elle ait été distillée, et
qu'elle offre un miasme (1) morbifère
qu'on n'a pu détruire jusqu'à présent.
Je comptais y être parvenu par l'intermède d'un acide fixe, comme je l'ai annoncé dans l'écrit que j'ai publié, dans
lequel je dis qu'on ne peut admettre
l'innocuité de l'eau de mer distillée.

Mais de nouvelles expériences, dont

---

(1) On nomme *miasme* l'émanation gazeuse dégagée
de la putréfaction, lequel, introduit dans l'économie
animale, y occasione des désordres plus ou moins
grands.

Le mot *miasme* est dérivé du grec *miainein*, qui
signifie *souiller, corrompre*.

je rends compte dans cette brochure,
m'ont fait connaître depuis que je n'é-
tais parvenu qu'à affaiblir la faculté
érosive du miasme insalubre fixé dans
cette eau, et que je n'avais pu le détruire
complètement.

EXPOSÉ

DES TENTATIVES QUI ONT ÉTÉ FAITES DANS LE DESSEIN
DE RENDRE POTABLE ET SALUBRE L'EAU DE MER
DISTILLÉE.

⁓⁓⁓⁓⁓⁓⁓⁓⁓⁓⁓⁓⁓⁓⁓⁓⁓⁓⁓⁓⁓⁓⁓

Lorsque j'ai analysé l'eau de mer dans le mois de mai 1817, j'ai reconnu que, lorsqu'on y exposait une mèche de papier dont l'extrémité était imbue d'acide marin, elle se trouvait aussitôt entourée d'un nuage blanc, dû à un gaz alcalin oléaginé, inodore, que j'ai désigné par l'épithète *neptunien*, lequel est le produit de la putréfaction des êtres organisés marins.

L'eau de mer produit, par la distillation, une eau limpide, inodore, d'où se dégage aussi du gaz neptunien, qui se manifeste encore lors même que cette eau a été exposée pendant plusieurs semaines à l'air.

Quoique les réactifs ordinaires n'indiquent rien d'étranger dans cette eau distillée, ce qui en a imposé aux meilleurs chimistes, qui l'ont regardée comme étant aussi pure que l'eau fluviatile distillée, elle n'en contient pas moins un gaz alcalin oléaginé qui lui donne une saveur âcre, caustique, particulière, qui a été désigné par le mot *bittern*, par Hales (1), dans l'ouvrage qu'il a publié sous le titre : *Expériences physiques sur la manière de rendre l'eau de mer potable*, ouvrage dans lequel il avance que l'eau de mer distillée doit sa propriété à un acide exalté qui a du rapport avec le marin.

Ce qui a pu en imposer à ce physicien, c'est qu'il a distillé jusqu'à siccité son

(1) Etienne Hales, un des plus célèbres savants d'Angleterre, auquel on doit la statique des végétaux et des animaux, mourut en 1761, à l'âge de quatre-vingt-trois ans. Les Anglais lui firent élever un tombeau, qui fut placé dans l'abbaye de Westminster, qui est le lieu de la sépulture des rois d'Angleterre.

eau de mer dans une cornue, et qu'il s'en est dégagé un peu d'acide marin. Aussi Hales recommande-t-il, dans son procédé, de mêler des substances alcalines avec l'eau de mer que l'on veut rendre potable par la distillation.

C'est un procédé semblable dont a fait usage M. Applebey, que Guillaume Rouelle dit lui avoir réussi. Pour moi, j'ai été moins heureux, puisqu'après avoir employé comme eux pour intermède l'alcali caustique et la terre blanche des os, l'eau distillée que j'ai obtenue était caustique comme l'eau de mer distillée sans addition.

M. Hales dit dans son ouvrage qu'on peut obtenir de l'eau de mer distillée très pure après avoir fait putréfier préliminairement l'eau de mer; ce qui paraît un paradoxe, puisque c'est à un gaz alcalin oléaginé, produit de la putréfaction qu'est due la saveur caustique de cette eau.

Hales rapporte, page 38 de son ou-

vrage, que M. Fitz-Gerald ayant obtenu
du parlement d'Angleterre le privilége
de faire établir sur les vaisseaux anglais
un alambic particulier pour distiller l'eau
de mer, eut pour concurrent M. Walcot,
qui déclara que l'eau distillée de M. Fitz-
Gerald contenait *un principe mordi-*
cant, piquant, corrosif, qui occasio-
nait des douleurs aiguës à ceux qui en
usaient long-temps; ce qui détermina
le parlement d'Angleterre à retirer le
privilége.

De toutes les tentatives qui ont été
faites pour extraire, à bon marché, une
grande quantité d'eau de mer distillée,
c'est l'appareil imaginé en 1717 par
M. Gautier, médecin à Nantes, appareil qui se trouve dessiné dans le re-
cueil des machines et inventions de
l'Académie des sciences de Paris.

Cet appareil distillatoire de M. Gautier produisait en vingt-quatre heures
trois cent vingt-quatre pintes d'eau,
dont la barrique revenait à dix sous

lorsqu'on employait du charbon mêlé de houille, et à cinq sous lorsqu'on faisait usage de bois ; ce qui a été confirmé par le rapport fait à l'Académie par MM. Lémeri et Geoffroy, qui n'ont rien prononcé relativement à la salubrité de cette eau de mer distillée.

M. le comte de Marsigli (1), auquel on doit un excellent ouvrage qui a pour titre : *Essai physique de l'histoire de la mer*, s'est aussi occupé des moyens de rendre son eau potable et salubre, et il a reconnu que des rectifications répétées de cette eau de mer distillée ne pouvaient pas la dégager du principe mordicant.

______

(1) Les sciences sont redevables à M. de Marsigli de plusieurs grands ouvrages très intéressants, tel que le Cours du Danube. M. de Marsigli a fondé à Bologne, sa patrie, une académie des sciences, nommée *Institut*. Il s'est en outre distingué dans le métier des armes.

Louis XIV, qui connaissait la bravoure de Marsigli, l'ayant vu à sa cour sans épée, lui donna la sienne, en disant qu'il la remettait en bonne main. M. le comte de Marsigli mourut en 1730, âgé de soixante-douze ans.

On a vu en France plusieurs savants annoncer qu'ils avaient imaginé des alambics propres à fournir, par la distillation, de l'eau de mer potable et salubre. Celui du docteur Poissonnier était remarquable par les deux diaphragmes perforés de mille trous fixés vers l'orifice de la cucurbite, appareil qui est décrit et dessiné dans le troisième volume de la Chimie de Baumé. Quoique M. Clément ait aussi fait usage de doubles diaphragmes dans l'appareil distillatoire qu'il a fait exécuter pour être établi sur le vaisseau que monte M. de Freycinet, capitaine de frégate, l'eau de mer distillée obtenue, à l'aide de cet appareil, par MM. Poissonnier et Clément, n'en est pas moins chargée de gaz alcalin oléaginé neptunien. Si M. Clément, ainsi que les personnes chargées par M. Dubouchage, ministre de la marine, pour lui rendre compte du succès de cette expérience, lui ont annoncé que l'eau de mer distillée qu'ils ayaient obtenue était pure et salubre ; c'est que les réactifs ordinaires n'y ont rien décelé d'étranger ; mais la dégustation leur aurait fait connaître la saveur mordicante du gaz neptunien, et une mèche de papier imbue d'acide marin leur aurait indiqué le gaz alcalin qui s'en dégage.

Il est évident, par les faits que je viens de rapporter, que dans les diverses distillations qui ont été faites avec ou sans intermède, l'eau de mer distillée se trouve toujours chargée du gaz alcalin, oléaginé, neptunien, caustique, et qu'on ne peut faire un usage continu de cette eau sans qu'il en résulte un mauvais effet dans l'économie animale ; ce qu'il est de la plus grande importance de constater pour la santé des navigateurs.

Ayant été assez heureux pour découvrir la nature de cette matière nuisible, qui s'annonce par un gaz alcalin très expansible, quoique sans odeur, lequel est rendu palpable dès qu'on expose une

mèche de papier dont l'extrémité imbue
d'acide marin, et présentée à la surface
de l'eau de mer, se trouve entourée
d'un nuage blanc; ce qui a également
eu lieu à la surface de l'eau de mer distillée.

C'est d'après cette propriété que j'es-
timai qu'on pouvait énerver la saveur
de ce gaz oléaginé particulier, en dis-
tillant l'eau de mer avec un acide fixe,
tel que le vitriolique.

En effet, l'eau que j'obtins après avoir
introduit dans la cucurbite un trois centième d'acide vitriolique concentré, me
produisit de l'eau de mer distillée dont
la saveur caustique était plus de moitié
moins forte; cependant cette eau manifestait encore du gaz alcalin, lorsqu'on
lui présentait une mèche de papier imbue
d'acide marin, qui s'entourait aussitôt
de vapeur blanche.

Desirant m'assurer si je parviendrais
à détruire tout ce gaz neptunien, j'ai
soumis une seconde fois à la distillation

une partie de cette eau de mer distillée, avec un trois centième d'acide vitriolique concentré.

Après cette seconde distillation, une mèche de papier imbue d'acide marin manifesta autant de vapeur blanche. Cette eau goûtée imprimait une saveur une fois moins corrosive.

Pensant qu'une troisième distillation de cette eau avec de l'acide vitriolique détruirait ce reste de saveur caustique, l'eau que j'obtins manifestait encore des vapeurs blanches à l'approche de l'acide marin.

La saveur de cette eau agissait plus faiblement sur l'organe du goût.

Dans une quatrième expérience, j'ajoutai un trentième d'acide. L'eau que j'obtins par la distillation manifestant encore des vapeurs blanches, et imprimant encore sur la langue et sur les gencives un peu de causticité, il me paraît en résulter qu'on ne doit pas l'attribuer uniquement à une matière alcalescente, mais à une espèce de miasme oléaginé caustique.

Le gaz alcalin oléaginé neptunien était inconnu aux physiciens. Il offre une espèce de miasme dont il est à souhaiter qu'on suive les effets. Ceux qui sont pestilentiels ne sont pas odorants, et peuvent être neutralisés par les acides qui se dégagent pendant la combustion du bois.

Les hommes ont connu, dès la plus haute antiquité, que le feu avait la propriété d'atténuer, de détruire les miasmes pestilentiels, sans en déterminer la cause, qui s'explique facilement aujourd'hui qu'on est plus instruit sur la nature du feu. En effet, celui qui est alimenté par le bois met en expansion dans l'atmosphère trois acides distincts, savoir : l'acide *acéteux*, l'acide *igné*, et l'acide *méphitique*, lesquels neutralisent les miasmes alcalins putrides qui donnent naissance à la maladie contagieuse qu'on nomme *peste*, dont les miasmes ont une action telle, que, lorsqu'ils ont pénétré du coton ou des étoffes, ils peuvent transmettre la peste après plus de quarante jours; témoin la peste qui dévasta Marseille.

Les anciens ont regardé le feu comme l'agent le plus propre à dépurer l'air.

Les Grecs, dans les temps de peste, couraient allumer des flambeaux à l'autel de l'Egyptien Jachen, qui avait le premier enseigné à guérir les maladies contagieuses par le moyen du feu. C'est par reconnaissance qu'on lui avait érigé un temple et des autels.

Les Athéniens décernèrent une couronne d'or à Hippocrate, pour avoir fait cesser la peste qui désolait leur pays. Le moyen qu'il employa fut d'entretenir des feux continuellement allumés dans les rues, les carrefours et les places d'Athènes; il y fit aussi placer des corbeilles de fleurs odorantes, et y fit répandre des parfums.

Acron, médecin d'Agrigente, se couvrit de gloire dans le temps où la peste désolait Athènes, pour avoir ordonné qu'on tînt des feux allumés auprès de chaque malade. Acron vivait cent ans avant Hippocrate.

Les Anglais, qui ont reconnu il y a long-temps combien il serait avantageux, dans les voyages de long cours, de pouvoir rendre l'eau de mer potable et salubre, ont, à diverses reprises, accordé des récompenses considérables à plusieurs personnes qui se sont annoncées à leur parlement comme ayant des moyens de rendre l'eau de mer potable et salubre.

Le ministère français, animé du même desir, vient aussi de consacrer des fonds pour subvenir à des expériences qui viennent d'être faites sur l'eau de mer, à la demande de M. Freycinet, qui se destine à faire le tour du monde, et croit être en sûreté pour l'eau à l'aide de l'appareil distillatoire dont il s'est muni. Cependant l'eau de mer distillée dans

eet appareil est empreinte de ce gaz alcalin oléaginé neptunien. S'il a échappé
au sens des savants et des témoins char-
gés de rendre compte des expériences
qui ont été faites, c'est, comme je l'ai
fait connaître, que l'eau de mer distillée
ne décèle aucune matière étrangère par
les réactifs ordinaires ; mais la saveur
inflammatoire et érosive de cette même
eau se manifeste trop sensiblement sur
la langue et sur les lèvres pour ne pas
annoncer le miasme neptunien qu'elle
renferme, dont l'alcalinité se manifeste
par des vapeurs blanches, lorsqu'on pré-
sente une mèche de papier imbue d'a-
cide marin à la surface de l'eau de mer
distillée.

Les faits que j'ai exposés dans cette
brochure, ainsi que les expériences mul-
tipliées qui m'ont fait apprécier la nature
du miasme neptunien, que j'ai désigné
par la phrase : *Gaz alcalin oléaginé,
inodore, corrosif,* offrent à la physique
une matière insalubre, morbifère, qui

n'avait pas encore été examinée convenablement, et dont les effets dans l'économie animale n'ont pas encore été
suivis. Si l'on en juge par le sentiment
érosif inflammatoire que la dégustation
de l'eau de mer distillée imprime sur la
langue et l'intérieur de la bouche, cet
effet doit s'exercer d'une manière active
sur les viscères.

L'inhérence de ce gaz neptunien dans
l'eau de mer est telle, que dix distillations
répétées de cette eau ne l'en dégagent
pas, et que son effet sapide sur la langue
n'est que très peu diminué lorsque cette
eau a été distillée plusieurs fois avec de
l'acide vitriolique.

J'ai cru devoir insister d'autant plus
sur ces vérités, que quelques navigateurs
sont dans le préjugé que l'eau de mer
distillée est d'une grande ressource, parcequ'ils la croient salubre.

On lit dans l'ouvrage que Hales a publié *sur la manière de rendre l'eau de
mer potable*, que lorsque M. Fitz-Gerald

et compagnie eurent obtenu en 1683, de
Charles II, des patentes pour fournir la
marine d'Angleterre de vaisseaux distil-
latoires propres à obtenir de l'eau de mer
potable, on fit frapper en leur honneur
une médaille et publier un poëme; et
que, peu après, M. Walcot, qui solli-
citait une patente pour le même objet,
ayant fait connaître que l'eau de mer
distillée d'après le procédé de M. Fitz-
Gerald était mordicante, piquante, brû-
lante, et corrosive, on lui retira les patentes qui lui avaient été accordées.

On lit, page 2 de l'ouvrage du célèbre
Hales, que l'eau de mer mal distillée
procure des maladies incurables, des
obstructions, des tumeurs schirreuses,
et des cacochymes ou réplétion de mau-
vaise humeur.

On lit, page 15 du même ouvrage,
que les habitants d'Antigoa ayant man-
qué d'eau douce, se procurèrent de l'eau
de mer distillée, qui les a si fort incom-

modés, que depuis ce temps ils n'en ont plus fait usage.

Puissent les vérités renfermées dans l'analyse de l'eau de mer que j'ai publiée, ainsi que dans la brochure qui a pour titre : *Expériences qui prouvent qu'on ne peut admettre l'innocuité de l'eau de mer distillée ;* ce qui est encore constaté par ce qui est renfermé dans cette dernière brochure. J'espère que les philantropes et les philalètes m'en sauront bon gré, puisque cela intéresse la santé des navigateurs.

FIN.